BEI GRIN MACHT SICH IHR WISSEN BEZAHLT

- Wir veröffentlichen Ihre Hausarbeit,
  Bachelor- und Masterarbeit

- Ihr eigenes eBook und Buch -
  weltweit in allen wichtigen Shops

- Verdienen Sie an jedem Verkauf

Jetzt bei www.GRIN.com hochladen und kostenlos publizieren

Timmy Schwarz

Das "Jahr ohne Sommer" im Kontext der "Kleinen Eiszeit"

GRIN Verlag

Bibliografische Information der Deutschen Nationalbibliothek:

Die Deutsche Bibliothek verzeichnet diese Publikation in der Deutschen National-
bibliografie; detaillierte bibliografische Daten sind im Internet über http://dnb.d-
nb.de/ abrufbar.

Impressum:

Copyright © 2010 GRIN Verlag GmbH
Druck und Bindung: Books on Demand GmbH, Norderstedt Germany
ISBN: 978-3-640-71977-8

Dieses Buch bei GRIN:

http://www.grin.com/de/e-book/158157/das-jahr-ohne-sommer-im-kontext-der-
kleinen-eiszeit

GRIN - Your knowledge has value

Der GRIN Verlag publiziert seit 1998 wissenschaftliche Arbeiten von Studenten, Hochschullehrern und anderen Akademikern als eBook und gedrucktes Buch. Die Verlagswebsite www.grin.com ist die ideale Plattform zur Veröffentlichung von Hausarbeiten, Abschlussarbeiten, wissenschaftlichen Aufsätzen, Dissertationen und Fachbüchern.

Besuchen Sie uns im Internet:

http://www.grin.com/

http://www.facebook.com/grincom

http://www.twitter.com/grin_com

Inhalt

1   Einleitung

Die Schlagworte „globale Erwärmung", „(anthropogener) Treibhauseffekt" oder „Klimawandel" sind in den Medien und der öffentlichen Diskussion seit einigen Jahren weit
verbreitet. Politiker, Umweltschützer aber auch jeder Einzelne hat tagtäglich mit dieser
Thematik zu tun – sei es beim Kauf von Energiesparlampen oder beim Fahren durch die
innerstädtische Umweltzone.

Angesichts immer neuer Klimarekorde weltweit, aber auch in Deutschland (Hitzesommer,
Stürme, Dürre oder im Gegenzug extreme Niederschläge mit einhergehenden Flut-
katastrophen), kann der Eindruck entstehen, das Klima spiele verrückt. Verminderung des
CO_2-Ausstoßes und weitere Maßnahmen sind im Gespräch, um der „Katastrophe" zu
entgehen. Aber wird es wirklich immer heißer? Kann es regional vielleicht auch zu
gegenteiligen Effekten kommen und könnten singuläre sowie regional begrenzte Ereignisse
nicht sogar ebenso schwer wiegen wie der global anders verlaufende Trend?

Auch wenn es aus aktueller wissenschaftlicher Sicht unwahrscheinlich anmutet: Vielleicht
werden Unsummen investiert, um eine möglicherweise ohnehin unumkehrbare Veränderung
des Klimas zu bremsen, statt auf die ebenso gut möglichen, lokalen Probleme einzugehen und
passende Vorkehrungen zu treffen.

In der folgenden Arbeit wird anhand einer historischen Zeitspanne, der „Kleinen Eiszeit",
sowie eines besonderen Ereignisses innerhalb dieses Zeitraumes, dem „Jahr ohne Sommer",
erläutert, welche weiteren Faktoren für die Temperatur in unserem Lebensraum eine Rolle
spielen. Ferner soll ein Blick in die Zukunft gewagt werden – vielleicht könnte uns jederzeit
wieder eine solche „Kleine Eiszeit" drohen?

2   Das „Jahr ohne Sommer" im Kontext der „Kleinen Eiszeit"

Im Gegensatz zum „Jahr ohne Sommer", welches übereinstimmend für Nordamerika und
Europa als das Jahr 1816 angesehen wird (Skeen, 1981; WBGU, 2008), werden für die
„Kleine Eiszeit" verschiedene Zeitspannen angegeben. Im Folgenden wird als „Kleine
Eiszeit" der Zeitraum von 1550 bis 1850 angenommen (WBGU, 2008).

Nach einem mittelalterlichen Wärmeoptimum kam es seit dem 14. Jahrhundert zu einer
Abkühlung im Nordatlantikraum, die mit einzelnen Extremen eine Reihe von ökonomischen
und politischen Auswirkungen herbeiführte (Behringer, 1995; Fagon, 2008; Grattan &

Brayshay, 1995; Lindgrén & Neumann, 1981; Schwartz & Randall, 2003). Diese sollen in den Kapiteln 2.2 und 2.3 näher aufgezeigt werden. Zunächst werden die Ursachen betrachtet.

2.1 Erklärungsansätze

Im Wesentlichen lassen sich drei Gründe für diese Abkühlung des Klimas anführen (Schwartz & Randall, 2003):

- Globale Verdunkelung, u.a. als Folge von Vulkanausbrüchen, die eine Auswirkung auf die ankommende Strahlungsmenge auf die Erdoberfläche hat
- Variation der Sonnenaktivität, somit unterschiedlich stark auftreffende Strahlungsenergie auf der Erdoberfläche
- Schwankungen in der thermohalinen Zirkulation, besonders des Golfstroms, als klimabestimmendes Element für Europa

Die genannten Ursachen werden in den folgenden Kapiteln erklärt, um einen Überblick der Funktionsprinzipien und Wirkweisen zu geben.

2.1.1 Globale Verdunkelung

Betrachtet man die Auswirkungen, so steht die globale Erwärmung im deutlichen Gegensatz zur globalen Verdunkelung, welche auch als „global dimming" (BBC, 2005) bezeichnet wird. Seit einigen Jahren wird von Wissenschaftlern postuliert, dass neben den Auswirkungen der Treibhausgase eine ebenso große Auswirkung von den anderweitig auftretenden Emissionen auf das Klima ausgeht. Versuche und Messungen seit den 1950er Jahren konnten zeigen, dass sowohl die auf der Erdoberfläche eintreffende Strahlung als auch die Verdunstung aus Evaporimetern abnimmt. Durch diesen Effekt wird das Phänomen der globalen Erwärmung ein Stück weit verschleiert bzw. ausgeglichen, da durch die Verdunkelung die Temperatur effektiv abnehmen müsste (BBC, 2005).

Aerosole spielen hierbei die entscheidende Rolle: Schwebeteilchen in der Luft und Gase (z.B. SO_2, H_2S und SO_4^{2-}) aufgrund von Verbrennungsprozessen beeinflussen die Menge der an der Erdoberfläche ankommenden Sonnenstrahlung. Dies geschieht im Wesentlichen auf zwei Wegen: Zum einen wird ein Teil der Sonnenstrahlung direkt an ihnen reflektiert, gelangt also nicht zur Erdoberfläche, zum anderen wirken die Partikel als Kondensationskerne und begünstigen die Bildung von Wolken. Je nach Höhe der Wolken kann durch die abschirmende Wirkung eine Aufheizung der Stratosphäre und ein Abkühlen der Troposphäre erfolgen, wodurch es an der Erdoberfläche kühler wird (BBC, 2005).

Durch den Vergleich von zwei Standorten, Thessaloniki und Peking, konnte in einer Studie ("Solar dimming and brightening over Thessaloniki, Greece, and Beijing, China", Zerefos et al., 2009) gezeigt werden, dass tatsächlich eine Abhängigkeit der einkommenden Sonnenstrahlung vom Verschmutzungsgrad der Atmosphäre durch Aerosole besteht. Da in Griechenland inzwischen Umweltschutzmaßnahmen (ganz Europas) zu einer Verbesserung der Luftqualität führten, stieg auch die einkommende Strahlungsmenge an. Im Vergleich dazu wird es in Peking erst in Zukunft langsam zu einer 'Aufhellung' kommen, wenn auch hier entsprechende Umwelt-schutzverordnungen greifen (Zerefos et al., 2009).

Eine bisher einmalige Untersuchung über die Wirkungen von Kondensstreifen auf die Temperatur konnte nach den Anschlägen des 11. Septembers 2001 geschehen. Da drei Tage lang nahezu der gesamte Luftverkehr über den Vereinigten Staaten ausgesetzt wurde, konnte erstmalig der Effekt des Luftverkehrs auf die Bodentemperaturen nachgewiesen werden. Es wurde festgestellt, dass die Temperaturdifferenz zwischen Tag und Nacht in diesem Zeitraum größer war als in den Tagen vor und nach dem Flugverbot – wärmere Tage und kältere Nächte sind typische Folgen eines geringeren Bedeckungsgrades. Die hierbei gemessene Abweichung war die größte innerhalb der letzten 30 Jahre, sodass deutlich wird, welchen Einfluss Aerosole auf das globale Klima haben können (BBC, 2005).

Weit gravierender und in stärkerem Ausmaß zur Verdunkelung beitragen können jedoch Vulkane. Im Zusammenhang mit dem Ausbruch des Vulkans "Eyjafjalla" auf Island kam es ab dem 15.04.2010 zu starken Beeinträchtigungen des Flugverkehrs und von den Medien wurden auch die möglichen Auswirkungen auf das Klima aufgegriffen (Wendler, 2010).

Hierbei gelten grundsätzlich die gleichen Effekte, welche zuvor bereits genannt wurden. Durch den Ausstoß großer Mengen Schwefeldioxids sowie von Asche, besonders in hohe Luftschichten, kann eine langanhaltende Temperaturbeeinflussung verursacht werden. Bei vergangenen Eruptionen von Vulkanen wie dem Krakatau (1883), Tambora (1815) oder Pinatubo (1991) konnten im Anschluss globale Abkühlungen festgestellt werden. Besonders wenn die Aerosole bis in die Stratosphäre steigen, sind die klimatischen Auswirkungen entsprechend stark. In der Troposphäre werden Aerosole relativ schnell durch Niederschlag ausgewaschen, in der Stratosphäre hingegen können sie sich länger halten (Buggisch et al., 2010).

Die nachfolgende Abbildung 1 stammt aus dem Weserkurier vom 16.04.2010 und zeigt die klimatischen Auswirkungen, welche von einem Vulkanausbruch ausgehen können.

Abb. 1: Auswirkungen eines Vulkanausbruchs auf das Klima (Wendler, 2010)

2.1.2 Sonnenaktivität

Wie in Kapitel 2.1.1 gezeigt, können Verdunkelungseffekte - ausgelöst z.B. durch Vulkan-ausbrüche - zur Temperaturabnahme in der Troposphäre führen. Wie sieht es aber mit der Sonne selbst als Strahlungsquelle aus? Sie unterliegt in ihrem „solaren Output" auch gewissen Schwankungen, welche sich auf der Erde durch Temperaturvariationen bemerkbar machen könnten.

Den größten Energieeintrag in das Klimasystem erfährt die Erde durch die konstante Bestrahlung von der Sonne. Mit Ausnahme einer Mondfinsternis ist zu jedem Zeitpunkt stets die Hälfte des Globus einer enormen Strahlenmenge ausgesetzt, welche sich zu 41 % aus sichtbarem Licht, zu 50 % aus langwelliger Strahlung (u.a. Infra-rotstrahlung) und zu 9 % aus kurzwelliger Strahlung (Röntgen-, Gamma-, UV-Strahlung) zusammensetzt (Farndon, 2003). Die am Boden ankommende direkte Strahlung, zusammen mit der diffusen, nennt man Globalstrahlung. Von der Sonnenstrahlung, die aus dem Weltraum zur Erde gelangt, mit ihrer mittleren Stärke von 1368 W/m² (sog. Solarkonstante), kommt durch Streuung an

Luftmolekülen, Streuung, Absorption und Reflexion an Wolken und Aerosolen, sowie durch Absorption an Wasserdampf, CO_2, Ozon und anderen Spurengasen nur ein Teil als Globalstrahlung auf der Erdoberfläche an (Anhuf et al., 2003).

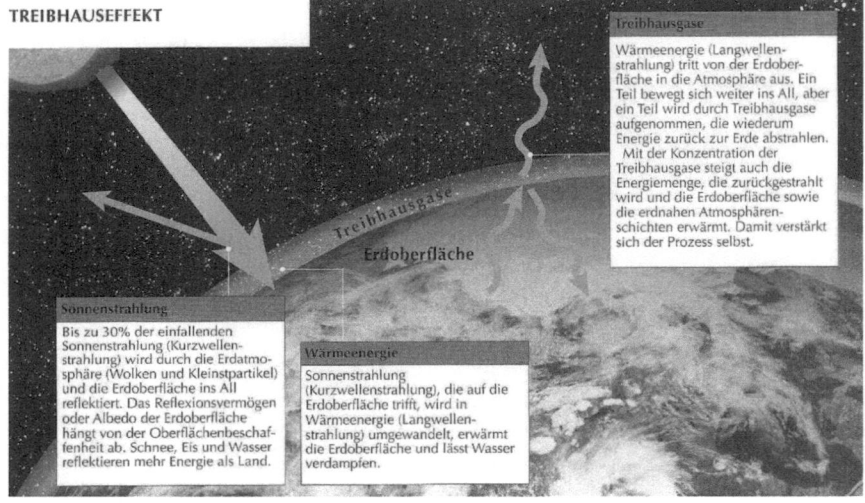

Abb. 2: Darstellung des Treibhauseffekts (Dow & Downing, 2007)

Abbildung 2 zeigt den natürlichen Treibhauseffekt, durch welchen ein Teil der Sonnenenergie als Wärme auf der Erde gehalten und nicht wie beispielsweise auf dem Mond komplett zurück ins All gestrahlt wird (Farndon, 2003).

Änderung der Erdbahnparameter wie Erdrotation, Präzession, Exzentrizität und Schiefe der Ekliptik beeinflussen maßgeblich die auf der Nord- und Südhalbkugel ankommende Globalstrahlung (Endlicher, 2007; Glaser, 2007). Die Umlaufbahn der Erde um die Sonne ist eine Ellipse – im Januar befindet sich die Erde im Perihel, dem sonnennächsten Punkt. Zu diesem Zeitpunkt erreicht 7 % mehr Sonnenlicht die Erde als im Juli, wenn die Erde auf ihrer Bahn im Aphel, dem sonnenfernsten Punkt, angekommen ist. Dies zeigt deutlich, dass jegliche Änderung der Erdbahnparameter auch einen Einfluss auf die Stärke und Verteilung der ankommenden Strahlung auf die Erde hat (Humberson, 2002).

Daneben sorgt aber auch die Sonne selbst für Schwankungen. Ihr Strahlungs-Output ist nicht konstant. Einer aktuellen Studie zufolge wird beispielsweise für Mitteleuropa in den nächsten Jahren häufiger mit strengen Wintern gerechnet, was auf die zurzeit vergleichsweise geringe Sonnenaktivität zurückgeführt wird (vgl. Abbildung 4). Grund ist aber nicht direkt die geringere Strahlung, die den Erdboden erwärmt, sondern die verminderte Wirkung auf die Stratosphäre. Durch die Änderung des Temperaturgradienten wird auch das globale Windsystem derart beeinflusst, dass die milden Strömungen aus dem Atlantik ausbleiben und dagegen kalte Winde aus dem Nordosten unser Wetter bestimmen (Benestad, 2010; Brunnert, 2010).

Schon sehr früh stellte der Mensch Beobachtungen über die Gestirne an – und so fielen auch immer wieder Phasen verstärkter Sonnenaktivität (anhand von Sonnenflecken), sowie ruhigere Phasen der Sonne auf. Seit dem 17. Jahrhundert liegen Aufzeichnungen über Beobachtungen von Sonnenflecken (von Galileo) vor, und können daher mit Aufzeichnungen über das Wetter, insbesondere der Temperatur, verglichen werden (Benestad, 2010; Humberson, 2002).

Die Strahlung der Sonne ist stärker, wenn mehr Sonnenflecken zu sehen sind. Dies ist zunächst irritierend, stellen die Flecken doch deutlich dunklere Flächen auf der Sonnen-oberfläche dar. Umgeben sind die Flecken jedoch von sog. Faculae (von lat. facula = Fackel), helleren Gebieten, die auch deutlich mehr Energie emittieren (siehe Abbildung 3). Diese Aufhellung, wenngleich weniger auffällig, überwiegt die geringere Abstrahlung aus den Bereichen der Sonnenflecken.

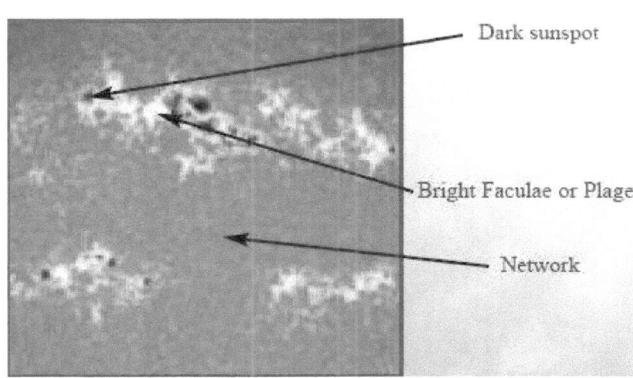

Abb. 3: Sonnenflecken und Faculae auf der Fhotosphäre der Sonne (Humberson, 2002)

Schwierigkeiten bereiten jedoch die Messungen der Strahlungsstärke der Sonne. Immerhin unterliegt die auf der Erde gemessene Globalstrahlung schon gewissen Schwankungen, her-vorgerufen durch die Atmosphäre (siehe Kapitel 2.1.1). Erst seit 1978 – seit die ersten Satelliten Messungen der Sonnenstrahlung im Weltraum vornahmen – können die tatsächlichen Schwankungen der Sonnenaktivität aufgezeichnet werden. Diese stimmen gut mit Messungen der Globalstrahlung auf der Erde seit Beginn des 20. Jahrhunderts und den Beobachtungen der Sonnenfleckenanzahl überein. Es gibt demnach verschiedene Zyklen. Am genauesten ist der 11-jährige (Schwabe-) Zyklus untersucht und belegt. Wie in Abbildung 4 zu sehen ist, konnten die Astronomen im 17. Jahrhundert für einen Zeitraum von 50 Jahren beinahe keine Sonnenflecken beobachten – das sog. Maunder Minimum war erreicht. Seitdem zeigt der Trend wieder einen Anstieg der Sonnenstrahlung (Humberson, 2002).

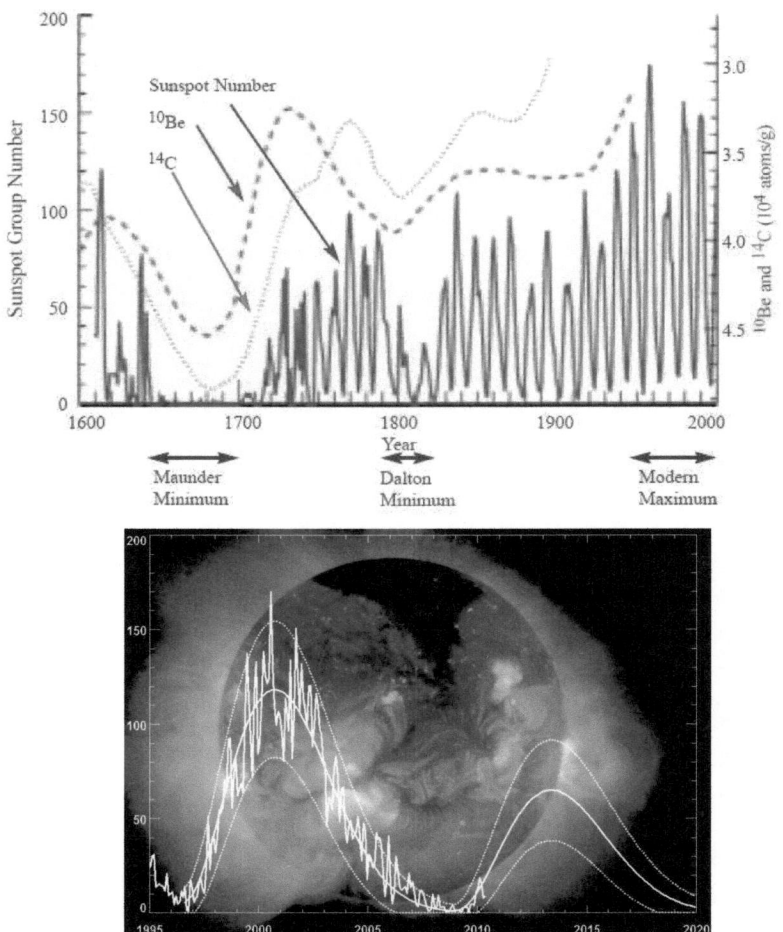

Abb. 4: 11-jährige Sonnenfleckenzyklen unterschiedlicher Amplitude, mitunter ausgesetzt (Humberson, 2002) und darunter der aktuelle Zyklus (verändert nach NASA, 2010)

2.1.3 Stärke des Golfstroms

Im Zusammenhang mit der Globalen Erwärmung geht man allgemein auch von einem Anstieg des Meeresspiegels aus. Im Durchschnitt betrug der jährliche Anstieg 1,7 mm im 20. Jahrhundert. Bei den u.a. vom IPCC aufgestellten Prognosen geht es jedoch um globale Mittelwerte – regional können die Wasserstände aufgrund von Unterschieden im Erdschwerefeld, oder vorherrschenden Druck- und Strömungssystemen von den globalen Durchschnittswerten abweichen (Gehrels & Long, 2008). Ebenso sieht es mit den Temperaturprognosen aus. Global mag zwar der Trend ansteigen in Europa könnte aber genau dieser globale Anstieg zu einer Abkühlung führen:

Das Wissen über das Verhalten des Grönländischen Eisschildes ist zwar begrenzt, aber sollte es zu immer größerem Abschmelzen der Eismassen kommen, dann droht ein Stopp der atlantischen thermohalinen Zirkulation: „Kalte[s], salzhaltige[s] und damit auch besonders dichte[s] Wasser sinkt im Nordatlantik an der Südspitze von Grönland auf den Ozeanboden ab und fließt von dort Richtung Äquator. Als Ausgleichsströmung wird dabei warmes Wasser aus dem karibischen Raum über der Golfstrom nach Norden transportiert, was letztlich eine wichtige Energie-[quelle] […] für das europäische Klima darstellt" (Glaser, 2007). Diese Tiefenwasserzirkulation kann bei einem ausreichenden Eintrag von Süßwasser oder Wärme zum Erliegen kommen (Lenton et al, 2008). Schon bei einer Verlangsamung der Strömung kann es zur Abkühlung in Europa kommen. So wird angenommen, dass neben der verringerten Sonnenaktivität und vermehrten Vulkanausbrüchen auch eine Verlangsamung des Golfstromes die Abkühlung im Nordatlantikraum während der „Kleinen Eiszeit" begünstigte. Die Verlangsamung des Golfstromes in diesem Zeitraum war vermutlich nur eine Folge der geänderten Klimabedingungen und nicht die Ursache der Abkühlung selbst (Schwartz & Randall, 2003).

Der Golfstrom gibt seine Wärme nicht direkt an Großbritannien und das europäische Festland ab. Wärmeeintrag erfolgt u.a. durch über dem Meer erwärmte Luftmassen, die sich im Gebiet der Westwindzone auf Europa zu bewegen. Der Verlust der arktischen Eismassen im Sommer (vgl. Abbildung 5) kann einen großen Einfluss auf die atmosphärische Zirkulation haben. Schon jetzt sind Abweichungen der Oberflächentemperaturen von „mehr als 3 °C" (Overland & Wang, 2010) in der Arktis ein deutliches Zeichen. „Seit den 1970er Jahren ist die Ausdehnung des arktischen Meereises um 14 % zurückgegangen" (Dow & Downing, 2007).

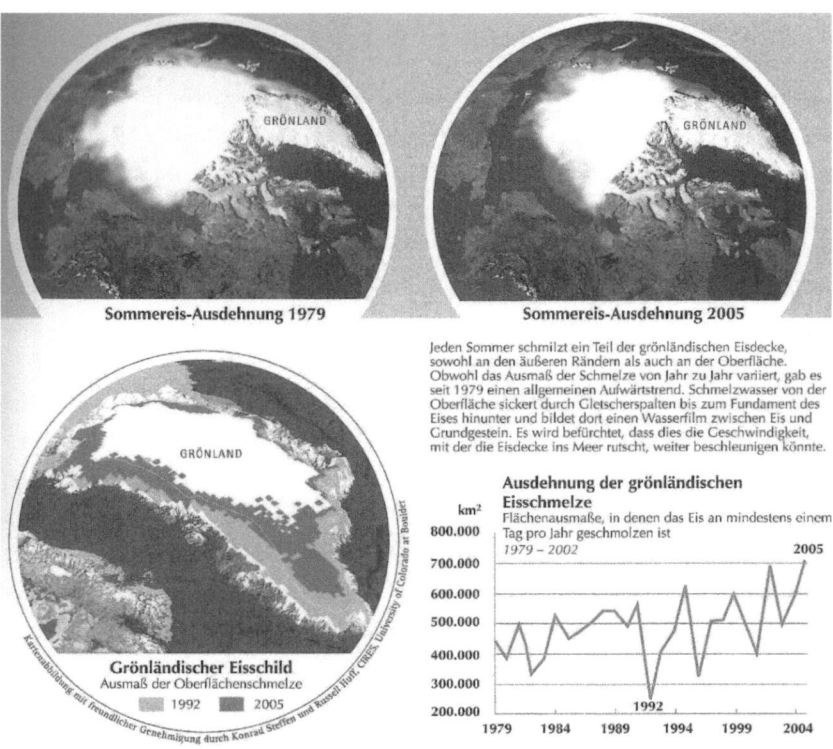

Abb. 5: Eisschild über Grönland und der Arktis (Dow & Downing, 2007)

Welche Auswirkungen die veränderten Temperaturen des Meerwassers (zusätzlich variiert durch die mögliche Verlangsamung des Golfstromes) auf das Klima in Europa haben, ist ungewiss. Eine Veränderung der Druckverhältnisse und Verschiebung der Polarfront hat aber sicher auch eine Klimaänderung für Europa zur Folge (Overland & Wang, 2010).

2.2 Die „Kleine Eiszeit"

Wie die vorangegangenen Kapitel gezeigt haben, kann eine Reihe von Ursachen, welche sich teilweise gegenseitig beeinflussen, das Klima ändern. Untersuchungen von Eisbohrkernen aus den Alpen und Grönland zeigen auf, dass die Klimaabkühlung bereits in der mittelalterlichen Wärmephase begann und bis zum Ende der „Kleinen Eiszeit" andauerte (Kuijpers et al., 2009; Schöner, 2009).

Wenn man heutzutage im Zusammenhang mit der globalen Erwärmung von der Gletscherschmelze in den Alpen spricht, vergisst man leicht, dass die Gletscher vor der „Kleinen Eiszeit" eine weit geringere Ausdehnung hatten, und ihre Ausbreitung während der „Kleinen Eiszeit" von der vor Ort lebenden Bevölkerung durchaus als Naturkatastrophe wahrgenommen wurde (Schöner, 2009; Schönwiese, 2009).

Die „Kleine Eiszeit" zeichnet sich durch mehrere Kaltphasen aus, in denen sowohl die Sonnenaktivität geringer als auch die Globalstrahlung durch mehrere starke Vulkanausbrüche niedriger war. Die Durchschnittstemperatur lag vereinzelt „knapp 1 °C unter dem Durchschnitt des 20. Jahrhunderts" (WBGU, 2008).

Einzelne Jahre direkt nach Vulkaneruptionen stellen freilich weit größere Kälterekorde auf als die Durchschnittswerte. So ist das „Jahr ohne Sommer" (1816), welches im nächsten Kapitel eingehender betrachtet wird, ein bemerkenswertes Klimaextrem, aber z.b. auch 1695 „eines der kältesten Jahre der Kleinen Eiszeit" mit einem Winter, der bis zu 5 °C kälter war als der Durchschnitt (Lindgrén & Neumann, 1981, eigene Übers.). Ebenso war der Sommer 1783, nach dem Ausbruch des isländischen Vulkans Lakagígar besonders dramatisch:

Obwohl der Vulkanausbruch nicht besonders explosiv erfolgte und geschätzt wird, dass 2/3 der Gase in die Troposphäre (also nicht in die Stratosphäre, vgl. Kapitel 2.1.1) emittiert wurden, hatte er eine enorme Auswirkung allein durch die Dauer seiner Aktivität (acht Monate). In Island direkt waren die Folgen am gravierendsten: Ein Großteil der Weideflächen war zerstört und „79 % der Schafe, 76 % der Pferde, sowie 50 % der Rinder starben" – als direkte Folge kamen etwa „24 % der menschlichen Bevölkerung" um (Grattan & Brayshay, 1995, eigene Übers.). In ganz Europa wurde in diesem Sommer „Dunst, rußiger Nebel und chemische Verschmutzung" (Grattan & Brayshay, 1995, eigene Übers.) festgestellt.

Die ökonomischen und sozialen Auswirkungen lassen sich u.a durch Korrelation von Kältephasen mit Hexenverfolgungen aufzeigen:

Behringer (1995) zufolge traten in der Vergangenheit die massivsten Hexenverfolgungen nicht rein zufällig in den Ländern Frankreich, Deutschland, Schottland und der Schweiz im gleichen Rhythmus auf. In erster Linie waren es damals Agrargesellschaften, die stark vom Ertrag der Landwirtschaft abhingen. Das Wetter hatte somit starken Einfluss auf alle Belange des Lebens. Missernten und alle Formen „unnatürlichen" Wetters beängstigten die Menschen. Von diesen Phänomenen gab es innerhalb der „Kleinen Eiszeit" immer wieder verschiedene Ereignisse: Harte Winter, Ausbreitung der Gletscher, Schneefall, Fröste im Frühjahr und Sommer, Stürme mit Hagel, sowie Überflutungen.

2.3 Das „Jahr ohne Sommer"

Innerhalb der „Kleinen Eiszeit" liegt das „Jahr ohne Sommer" (1816), welches durch seine Wetterextreme in weiten Teilen der nördlichen Hemisphäre im kollektiven Gedächtnis erhalten blieb.

Als Hauptursache für die dramatische Temperaturabsenkung wird der im Jahr zuvor erfolgte Ausbruch des Tambora angesehen: Der Tambora, auf der Insel Sumbawa (Indonesien) gelegen, förderte 150 km³ Asche in die Stratosphäre. Vier Kältewellen im Jahr 1816 sorgten für Missernten auf der nördlichen Hemisphäre (Müller, 2000).

In Amerika waren die Auswirkungen ebenso spürbar wie in Europa. Hier wurde das Jahr „Eighteen-hundred-and-froze-to-death" (Skeen, 1981) genannt. Im Gegensatz zu Europa, wo es neben den Kältewellen auch starke Regenfälle mit Überschwemmungen gab, hatte Nordamerika mit Dürre zu kämpfen.

Interessanterweise wurde in diesem Jahr auch ein Bezug zwischen dem kalten Wetter und den sichtbaren Sonnenflecken hergestellt. Wenn es aber in jenem Jahr einen Einfluss der Sonnenaktivität auf das Klima gegeben hat, so müsste dieser der Abkühlung entgegengewirkt haben. Es wurden nämlich ungewöhnlich viele Sonnenflecken, die mit bloßem Auge erkennbar waren festgestellt und daraus der Fehlschluss abgeleitet, dass die durch die Flecken dunklere Sonne weniger Strahlungsenergie abgeben würde (Skeen, 1981).

Weitere zeitgenössische Beobachtungen könnten jedoch tatsächlich als Verursacher des außergewöhnlichen Wetters in Frage kommen. So wurde u.a. festgehalten, dass die Atmosphäre mit ungewöhnlich viel feinem Staub und Dunst versetzt gewesen sein soll – vermutlich eher eine Folge der Dürre mit Auswehungen des trockenen Bodens als durch die Vulkanasche, welche sich über den Globus verteilt hatte. Hierbei wurde der Bezug hergestellt, dass sowohl weniger Licht also auch Wärmestrahlung durch die dunstigen Luftschichten auf den Erdboden zu gelangen schienen. Des Weiteren ließen Beobachtungen von Eis im Nordatlantik drauf schließen, dass sich die Temperatur im Meer und auch die Windsysteme mit ihren wetterbestimmenden Auswirkungen deutlich verändert hatten (Skeen, 1981).

Obwohl das Jahr an sich gar nicht sehr viel kälter als der Durchschnitt war, sorgten doch die immer wieder hereinbrechenden Kältewellen dafür, dass die Ernte vernichtet wurde oder erst gar nichts wachsen konnte. Dies führte zu sozialen, ökonomischen, aber auch politischen Konsequenzen: Aufgrund der Befürchtung von Lebensmittelknappheit wurde der Ruf nach Einschränkungen für Brennereien laut – ein Vorzeichen der Prohibition. Des Weiteren wurden bei den Kongresswahlen 70 % der Abgeordneten nicht wieder in den neuen Kongress gewählt, da die Bevölkerung allgemein frustriert und sehr verärgert über den Umstand war, dass sich die Politiker ausgerechnet 1816 selbst ihre Diäten erhöht hatten, während das Volk Hunger und hohe Lebensmittelpreise erdulden musste. Eine westwärts gerichtete Migrationswelle folgte dem „Jahr ohne Sommer", wobei insbesondere viele Bauern neue Chancen suchten und sich bessere Verhältnisse im Westen versprachen. Um besser über das Wetter und die Zusammenhänge des Klimas Bescheid zu wissen, wurden in den folgenden Jahren erste meteorologische Beobachtungsposten eingerichtet und der Grundstein für die kommenden Wetterdienste gelegt (Skeen, 1981).

3   Konsequenzen und Eintrittswahrscheinlichkeit in der heutigen Zeit

Fagon (2008, eigene Übers.) zitiert in einem Bericht Jean Grove, die aussagt: „Es dürfte weise sein, nicht anzunehmen, dass eine Rückkehr zu Zuständen wie in der Kleinen Eiszeit völlig außer Frage steht."

Die Vergangenheit hat bereits gezeigt, dass Klimaänderungen für einzelne Jahre aber auch längere Zeiträume durchaus kurzfristig eintreten können. Generell werden für die Zukunft von den meisten Wissenschaftlern eher weniger Kälteperioden vorausgesagt, was sich allein aus dem bisherigen Trend der Abnahme an Eis- und Frosttagen für die Zukunft ableiten lässt (Brandt, 2007; Gerstengarbe & Werner, 2009). Andererseits bedeutet die globale Erwärmung nicht automatisch, dass sich der momentan regional gleichförmig verlaufende Trend genauso parallel weiter entwickeln muss. Noch mögen die meisten Temperaturrekorde auch in Europa besonders in den vergangenen zehn Jahren aufgetreten sein und womöglich auch noch in den nächsten Jahren fortwährend gebrochen werden (Ruokolainen & Räisänen, 2009) – sollten jedoch gewisse Schwellen überschritten werden, so könnte Europa durch ein Zusammenspiel der aufgezeigten Einflussfaktoren (Verlangsamung der thermohalinen Zirkulation, Auswirkungen verstärkten Vulkanismus (wie aktuell in Island), dauerhaft reduzierte Sonnenaktivität (Aussetzen des nächsten Schwabezyklus)) evtl. auch eine neue Kaltzeit drohen.

Lenton et al. (2008) bringen es auf den Punkt: „Society may be lulled into a false sense of security by smooth projections of global change. [...] A variety of tipping elements could reach their critical point within this century [...]. The greatest threats are tipping the Arctic sea-ice and Greenland ice sheet [...]."

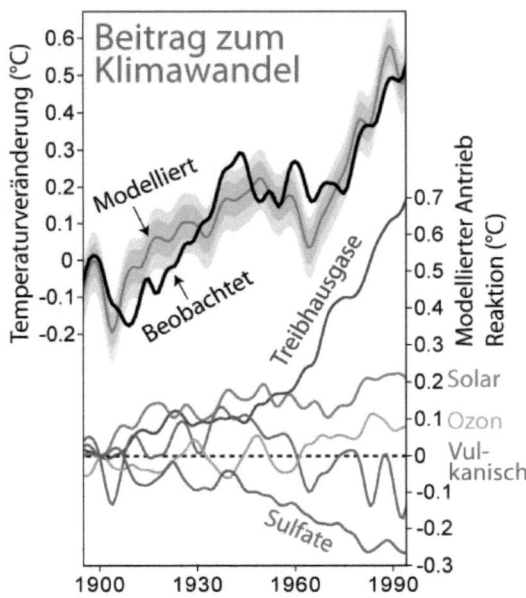

Abb. 6: Einflussgrößen auf den Klimawandel (Stadt.Land.Flut, 2010)

Die in den Kapiteln 2.1.1 bis 2.1.3 gezeigten Einflussfaktoren sind in Abbildung 6 noch einmal anschaulich zusammengefasst.

Obwohl die Aktivität der Sonne schlecht vorhersagbar ist, räumen Wissenschaftler immerhin eine 8 %ige Wahrscheinlichkeit ein, dass innerhalb der nächsten 50 Jahre Bedingungen wie im Maunder Minimum erreicht werden könnten (Lockwood et al., 2010; vgl. Kapitel 2.1.2). Kältere und längere Winter, verstärkt durch geringe Wärmezufuhr des Golfstroms, Veränderung der Luftströmungen – vielleicht noch überlagert durch Einzelereignisse wie Vulkanausbrüche (oder Meteoriteneinschläge) – könnten eine neue „Kleine Eiszeit" in Europa einleiten.

Abbildung 7 zeigt Mitteleuropa – von Südschweden bis Norditalien mit Schnee bedeckt. Kommt es zu Kälteeinbrüchen mit großflächigem Schneefall wie in diesem Beispiel, so wirkt die veränderte Albedo kälteerhaltend. Es wird mehr Strahlung reflektiert und weniger am Erdboden absorbiert.

Die Möglichkeit eines Auftretens von Kälteperioden in (naher) Zukunft sollte jedenfalls nicht ausgeschlossen werden – „the plausibility of severe and rapid climate changes is higher than most of the scientific communitiy and perhaps all of the political community is prepared for.

If it occurs, this phenomenon [plötzliche Abkühlung auf der nörclichen Hemisphäre] will disrupt current gradual global warming trends [...]" (Schwartz & Randall, 2003).

Abb. 7.: Europa, schneebedeckt – Aufnahme vom 11. März 2005 (ESA, 2005)

Literatur

Anhuf, D., G. Czeplak & D. Hoppmann, 2003. Das solare Klima – strahlungsklimatische Gunsträume. In: Leibniz-Institut für Länderkunde (Hrsg.), Nationalatlas Bundesrepublik Deutschland – Klima, Pflanzen- und Tierwelt. Spektrum Akademischer Verlag, Heidelberg Berlin: 40f.

BBC, 2005. Global Dimming. http://www.bbc.co.uk/sn/tvradio/programmes/horizon/dimming_trans.shtml, 17.04.2010.

Behringer, W., 1995. Weather, Hunger and Fear: Origins of the European Witch-Hunts in Climate, Society and Mentality. German History 13: 1-27.

Benestad, R. E., 2010. Low Solar activity is blamed for winter chill over Europe. Environmental Research Letters 5: 2f.

Brandt, K., 2007. Treibhaus Deutschland – Der Klimawandel in Deutschland und seine Auswirkungen. Bouvier Verlag, Bonn, 335 S.

Brunnert, M., 2010. Schwankende Sonnenaktivität. Weser Kurier, Nr. 89 vom 15.04.: 28.

Buggisch, W., M. M. Joachimski, O. Lehnert, S. M. Bergström, J. E. Repetski & G. F. Webers, 2010. Did intense volcanism trigger the first Late Ordovician icehouse? Geology 38: 327-330.

Dow, K. & T. E. Downing, 2007. Weltatlas des Klimawandels – Karten und Fakten zur globalen Erwärmung. Europäische Verlagsanstalt, Hamburg, 112 S.

Endlicher, W., 2007. Strahlungs- und Wärmehaushalt der Erde. Astronomische und physikalische Grundlagen. In: H. Gebhardt, R. Glaser, U. Radtke & P. Reuber (Hrsg.), Geographie – Physische Geographie und Humangeographie. Spektrum Akademischer Verlag, München: 198ff.

ESA, 2005. Earth from Space: Image of the week. Europe under snow. http://www.esa.int/esaEO/SEM980P256E_index_0.html, 11.05.2010.

Fagon, B., 2008. Grove, J.M. 1988: The Little Ice Age. London: Routledge, xxii + 498 pp. Progress in Physical Geography 32: 103-106.

Farndon, J., 2003. Kompaktwissen Geografie. Dorling Kindersley Verlag, Starnberg, 192 S.

Gehrels, R. & A. Long, 2008. Sea level is not level: the case for a new approach to predicting UK sea-level rise. Geography 93: 11-16.

Gerstengarbe, F.-W. & P. C. Werner, 2009. Klimaextreme und ihr Gefährdungspotential für Deutschland. Geographische Rundschau 9: 12-19.

Glaser, R., 2007. Klimasystem. In: H. Gebhardt, R. Glaser, U. Radtke & P. Reuber (Hrsg.), Geographie – Physische Geographie und Humangeographie. Spektrum Akademischer Verlag, München: 193f.

Grattan, J. & M. Brayshay, 1995. An Amazing and Portentous Summer: Environmental and Social Responses in Britain to the 1783 Eruption of an Iceland Volcano. The Geographical Journal 161: 125-134.

Holasek, R. E. & W. I. Rose. 1991. Anatomy of 1986 Augustine volcano eruptions as recorded by multispectral image processing of digital AVHRR weather satellite data. Bulletin of Volcanology 53: 420-435.

Humberson, W., 2002. SORCE – Solar Radiation and Climate Experiment. http://lasp.colorado.edu/sorce/docs/reference/SORCE_Brochure_10_25_FINAL.pdf, 17.04.2010.

Kuijpers, A., M. S. Seidenkrantz, B. A. Malmgren & S. R. Troelstra, 2009. A cold 'Medieval Warm Period' and a warm 'Little Ice Age' and other climate stories from Atlantic Ocean sedimentary records of the past 500.000 years. IOP Conference Series: Earth and Environmental Science 6: 13.

Lenton, T. M., H. Held, E. Kriegler, J. W. Hall, W. Lucht & S. Rahmstorf, 2008. Tipping elements in the Earth's climate system.
http://www.pnas.org/content/105/6/1786.full.pdf+html, 17.04.2010.

Lindgrén, S. & J Neumann, 1981. The cold and wet year 1695 – a contemporary German account. Climatic Change 3: 173-187.

Lockwood, M., R. G. Harrison, T. Woollings & S. K. Solanki, 2010. Are cold winters in Europe associated with low solar activity? Environmental Research Letters 5: 7-13.

Müller, M. J., 2000. Naturkatastrophen als geophysikalische Vorgänge. geographie heute 183: 2-9.

NASA, 2010. Solar Cycle Prediction
http://solarscience.msfc.nasa.gov/predict.shtml, 31.05.2010.

Overland, J. E. & M. Wang, 2010. Large-scale atmospheric circulation changes are associated with the recent loss of Arctic sea ice. Tellus – Series A, Dynamic Meteorology and Oceanography 62: 1-9.

Ruokolainen, L. & J. Räisänen, 2009. How soon will climate records of the 20th century be broken according to climate model simulations? Tellus – Series A, Dynamic Meteorology and Oceanography 61: 476-490.

Schöner, W., 2009. Paläoklimainformationen aus Kenngrößen der Gletschermassenbilanz – Beispiele für die Alpen seit der ausgehenden Kleinen Eiszeit.
http://www.uibk.ac.at/alpinerraum/publications/vol6/schoener.pdf, 17.04.2010.

Schönwiese, C.-D., 2009. Klimawandel im Industriezeitalter: Fakten und Interpretation der Vergangenheit. Geographische Rundschau 9: 4-11.

Schwartz, P. & D. Randall, 2003. An Abrupt Climate Change Scenario and Ist Implications for United States National Security.
http://www.edf.org/documents/3566_AbruptClimateChange.pdf, 17.04.2010.

Skeen, C. E., 1981. "The Year without a Summer": A Historical View. Journal of the Early Republic 1: 51-67.

Stadt.Land.Flut (Bremer Energie-Konsens GmbH), 2010. Das 1x1 des Klimawandels. http://www.stadt-land-flut.de/content/faq, 11.05.2010.

WBGU (Wissenschaftlicher Beirat der Bundesregierung Globale Umweltveränderungen), 2008. Welt im Wandel: Sicherheitsrisiko Klimawandel. Springer, Berlin Heidelberg New York, 268 S.

Wendler, J., 2010. Asche ist gefährlich für Triebwerke. Weser Kurier, Nr. 90 vom 16.04.: 3.

Zerefos, C. S., K. Eleftheratos, C. Meleti, S. Kazadzis, A. Romanou, C. Ichoku, G. Tselioudis & A. Bais, 2009. Solar dimming and brightening over Thessaloniki, Greece, and Beijing, China. Tellus – Series B, Chemical and Physical Meteorology 61: 657-665.